LA

MÉTÉOROLOGIE PRATIQUE

SES APPLICATIONS FACILES

AU POINT DE VUE DE L'AGRICULTURE ET DE LA MARINE

PAR CHAPELAS-COULVIER-GRAVIER

Astronome

SOISSONS

IMPRIMERIE ET LITHOGRAPHIE DE ED. LALLART

8, RUE DES RATS, 8

1867.

LA

MÉTÉOROLOGIE

PRATIQUE

SES APPLICATIONS FACILES

Au point de vue de l'Agriculture et de la Marine

PAR CHAPELAS-COULVIER-GRAVIER

Astronome

SOISSONS

IMPRIMERIE ET LITHOGRAPHIE DE ED. LALLART

8, RUE DES RATS, 8

1867

LA

MÉTÉOROLOGIE PRATIQUE

SES APPLICATIONS FACILES

AU POINT DE VUE DE L'AGRICULTURE ET DE LA MARINE

Je n'ai point la prétention de faire ici l'histoire de la Météorologie; des écrivains célèbres, des savants illustres ont, depuis longtemps déjà, traité cette importante question; mais, pour que l'on puisse comprendre tout l'intérêt qu'un tel sujet comporte, je dois rappeler que, dès la plus haute antiquité, cette science, moins que naissante, était devenue un but d'observations sérieuses et attentives, de la part des naturalistes, des philosophes et des médecins. Nous en avons, en effet, des preuves par les *Météorologiques* d'Aristote, les *Questions naturelles* de Sénèque, et le *Traité des airs, des eaux et des lieux* d'Hippocrate. Néanmoins, malgré des siècles d'observations, malgré des recherches intelligemment conduites, ce ne fut seulement qu'au commencement de ce siècle que la Météorologie prit un développement notoire. J'ajouterai même que, jamais plus qu'aujourd'hui, on ne comprit mieux la nécessité de cette science au point de vue pratique.

Or, que doit-on entendre par Météorologie pratique, si ce n'est une science capable de fournir les moyens de prévoir avec une exactitude suffisante les coups de vents, les tempêtes, et en général toutes les transformations atmosphériques. Je n'ai pas besoin d'insister sur ce point évident, que la prévision, pour être sensée, ne peut dépasser un certain nombre d'heures; on tomberait, en effet, dans l'erreur la plus profonde, si l'on pensait que, à l'exemple de certains observateurs, agissant plutôt par spéculation que dans l'intérêt de la science et de la vérité, on puisse pronostiquer le temps, un an, un mois, ou même huit jours à l'avance. Une prévision de 48 ou 80 heures est seule possible; car, seule, elle rentre dans les limites d'une intelligence qui, habilement, saurait saisir au passage tous les signes précurseurs des changements de temps.

Quand on pense à tous les services que de telles études sont appelées à rendre, dans l'intérêt du pays, on ne saurait trop applaudir au gouvernement sage, éclairé, qui sait entourer d'une bienveillante protection les hommes qui consacrent leur existence, et souvent leurs modiques revenus, au perfectionnement d'une telle œuvre patriotique et philanthropique à tous égards.

Sans entrer dans des détails qui n'intéresseraient nullement les personnes peu versées dans cette branche de la science, il est utile pourtant, avant de commencer l'exposé de notre système, de rappeler en quelques mots les diverses tentatives faites pour arriver à la solution d'un tel problème. Il me suffira pour cela de citer quelques paroles sorties de la bouche d'hommes savants et justement considérés ; langage plein de clarté, de précision et d'actualité.

L'astronome Bouvard d'un côté ; sir W. Herschell de l'autre, appelés à se prononcer sur l'étude des phénomènes atmosphériques, disaient : « Il sera » impossible de faire de grands progrès en météo» rologie, tant qu'on ne pourra découvrir à l'avance, » et même d'une manière grossière, la cause des » oscillations barométriques, ne serait-ce que quel» ques heures à l'avance seulement. »

En 1855, dans une discussion académique à propos de l'utilité des observations météorologiques en Algérie ; puis plus tard, en 1858, dans ses Notices historiques et scientifiques, l'illustre Biot s'exprimait ainsi : « La circonstance qui a provoqué cet écrit » me détermine à le reproduire, parce qu'elle offre » un remarquable exemple de la tendance qu'ont » aujourd'hui les sciences d'observation à quitter » leurs voies d'investigations silencieuses et pa- » tientes, pour se montrer aux regards de la foule, » attaquant de front et comme pour emporter » d'assaut des problèmes de physique générale, qui » frappent les imaginations par leur grandeur, mais » qu'on ne peut aborder ainsi directement avec » aucune chance de succès réels. De ce genre sont » les mouvements convulsifs qui s'opèrent inopiné- » ment dans quelques portions isolées de l'atmo- » sphère terrestre, tandis que le reste de la masse » aérienne ne s'en ressent que plus tard, dans des » proportions affaiblies, ou même souvent semble » n'en être pas sensiblement atteinte. Les récits de » ces phénomènes et des désastres qu'ils ont pro- » duits, étant aussitôt répandus partout, en vertu des » communications rapides établies aujourd'hui entre » tous les peuples civilisés, la multitude curieuse » a demandé aux savants de lui en dire les causes,

» et dans un supplément, de lui apprendre comment » on pourrait les prévoir. A considérer la chose au » point de vue scientifique, la satisfaction de ce » désir n'était pas en leur puissance, parce que la » solution de ces problèmes, si elle nous devient » jamais accessible, ne pourrait s'obtenir qu'après » une longue suite d'études expérimentales exces- » sivement difficiles et délicates, destinées à nous » fournir une infinité de données préliminaires qui » nous manquent encore. Mais, comme le gros du » monde ne s'accommode pas de ces lenteurs, on a » créé avec de grands frais, en beaucoup de points » de l'Europe, des institutions permanentes, que » l'on appelle des observatoires météorologiques, où » l'état de l'atmosphère inférieure est constamment » noté et consigné dans des registres; ce qui, » assure-t-on, devra à la longue fournir des indi- » cations suffisantes pour conclure l'état et les » mouvements de la masse entière. Jusqu'à ces » derniers temps, on n'avait pas établi ce genre » d'institution sur le territoire français. Mais enfin » la proposition semi-officielle en ayant été faite à » l'Académie, j'ai cru devoir la combattre, non- » seulement comme ne pouvant avoir l'utilité qu'on » en espère, mais comme détournant la libéralité du » gouvernement de l'application bien plus fruc-

» tueuse qu'elle pourrait avoir, en facilitant les
» travaux de recherches qui seraient le fondement
» assuré de la météorologie scientifique. »

L'illustre savant montre également que l'essai de ce grand nombre de stations météorologiques avait été fait en Russie, et que malgré la générosité du chef de l'État, qui n'avait rien refusé pour cela, ni là, ni ailleurs, on n'avait pu tirer aucun fruit réel de ces coûteuses observations. « Elles ne pou-
» vaient rien produire, dit M. Biot, sinon des faits
» disjoints, matériellement accumulés, sans aucune
» destination d'utilité prévue, soit pour la théorie,
» soit pour les applications. »

Plus loin, il continue en disant : « L'exposition
» détaillée du double problème qu'on veut attaquer,
» montre, je crois, avec la dernière évidence, qu'on
» ne saurait aujourd'hui, utilement pour la science
» et pour les applications pratiques, créer, soit en
» Afrique, soit en France, des institutions météo-
» rologiques, opérant par ordonnance, de manière
» à résoudre, par des observations prescrites d'a-
» vance, des questions de physique et de physio-
» logie agricole, si variées, si complexes, que
» jusqu'ici l'intelligence des expérimentateurs les
» plus sagaces est parvenue à peine à en saisir

» quelques points particuliers. Telle est ma profonde » conviction. »

Enfin, voulant expliquer pourquoi jusqu'ici on n'était arrivé à rien en Météorologie, M. Biot, avec toute l'autorité décisive de sa parole, disait : que la raison majeure de ces résultats négatifs était, qu'au lieu de prendre l'observation par en haut, on l'avait prise par en bas. En d'autres termes, que l'on avait constamment négligé l'étude des hautes régions atmosphériques, pour ne s'occuper que des couches inférieures.

Si je me suis longuement étendu sur ces citations, pleines de justesse et de science, c'est que, j'ai pensé, que rien de mieux que ces arguments sérieux, ne pouvait faire comprendre l'état de la Météorologie en 1858.

Voyons donc maintenant, en 1867, quels sont les résultats acquis, et les moyens d'exécution mis en pratique dans le but de faire progresser la Météorologie. Rien de nouveau ne se présente à notre examen. Nous trouvons en effet, établie ou en voie de formation, cette multitude d'institutions météorologiques réglementées, soumises à des programmes... etc. C'est-à-dire, en un mot, tout ce que l'illustre Biot avait combattu avec tant d'énergie, neuf ans auparavant, au sein de l'Académie des sciences.

Nous voyons aussi, demander aux instituteurs primaires, de joindre à leurs occupations de chaque jour, l'observation des phénomènes météorologiques. Or, c'est encore ici le moment de se demander, si, en agissant ainsi, on peut espérer arriver à la connaissance de quelques lois générales. Qu'il me soit permis d'exprimer mes craintes à cet égard, en disant hautement qu'une semblable méthode ne peut conduire à rien. En effet, on revient toujours de la sorte aux observations *terre à terre* ; ensuite, pour se livrer à ces études, qui, à la vérité, n'exigent pas des connaissances mathématiques d'un ordre très-élevé, il faut cependant des dispositions toutes spéciales, et une étude approfondie et raisonnée des transformations si diverses de l'atmosphère ; toutes choses qui ne s'acquièrent point en un jour, mais après bien des années d'observations sérieuses et combinées. Loin de moi pourtant la pensée de mettre un instant en doute, les capacités et l'intelligence de ces honorables fonctionnaires appelés à préparer nos enfants à des études plus supérieures ; mais enfin, ne serait-ce pas augmenter sans fruit, une charge déjà si difficile à remplir.

Le système aujourd'hui en activité, consiste comme on le sait, spécialement, en observations barométriques, à l'aide desquelles on trace ce que l'on appelle des courbes d'égales pressions, formant des cartes d'où on déduit, avec plus ou moins de certitude, le temps probable, c'est-à-dire les changements atmosphériques, les coups de vent ou tempêtes à venir. Mais, on sait aussi, combien sont trompeuses les indications du baromètre (*), lorsqu'on ne sait pas les interprêter d'une manière convenable; il doit donc dès-lors, dans les prévisions basées sur cet instrument, régner un vague beaucoup trop insuffisant pour les services que la science météorologique est appelée à rendre. En effet, tout un chacun a pu remarquer que souvent, de fort mauvais temps se produisent par une hausse très-considérable de la colonne de mercure, tandis que le beau temps a lieu quelquefois aussi par des baisses assez fortes. Ce genre d'observations a encore cela de trop insuffisant, c'est qu'il ne peut nous indiquer que des phénomènes déjà en cours d'éxécution; par conséquent il ne peut rendre aucun service aux localités qui, les premières, doivent subir leurs effets. Je n'ai pas besoin de m'étendre davantage sur un semblable système d'observations pour faire comprendre

(*) Le capitaine Grasset, dans son rapport sur les traversées de nos bâtiments au Mexique, fait voir clairement les graves mécomptes auxquels on est exposé par la seule observation du baromètre.

tout ce qu'il offre d'aléatoire, vis-à-vis des intéressés, c'est-à-dire au point de vue de la Marine et de l'Agriculture, deux sources de richesse et de prospérité pour le pays.

A côté de ce système successivement essayé, abandonné et repris, ont surgi d'autres méthodes d'observations sans bases, sans principes réels ou scientifiques, et dont je pourrais ici, sans difficulté, faire voir en quelques mots les côtés défectueux et leur peu de valeur; mais d'autres se sont chargés depuis longtemps de cette besogne pénible, je n'ai donc point besoin de revenir sur ce sujet.

Cependant, l'utilité d'une bonne météorologie pratique, n'est-elle pas évidente, quand on voit les agriculteurs les plus anciens et les plus renommés, reconnaître comme ceux de notre âge, que s'il est essentiel d'appliquer à la terre une bonne culture, pour en obtenir des produits plus abondants; il n'est pas moins essentiel de se livrer à une étude constante des lois qui régissent les météores. Il est arrivé en effet, que, de tout temps, la saison, un temps propice, utilisés avec intelligence, ont fait souvent plus que la culture la plus raffinée.

Qu'il soit donc permis à ceux qui, comme nous, cherchent depuis longtemps, et sont persuadés d'avoir trouvé un système météorique d'une application facile, peu coûteuse pour l'Etat, et surtout capable des plus grands bénéfices ; d'exposer quelques lois fondamentales de leur système, et les principaux résultats qu'ils ont obtenus.

Tout le monde connait le phénomène des étoiles filantes ; il n'est personne qui, par les belles nuits d'été ou d'hiver, n'ait vu le ciel sillonné par ces brillants météores, très-nombreux à certaines époques de l'année, et offrant aux yeux de l'observateur, les couleurs les plus variées, les directions les plus opposées, et des trajectoires de différentes longueurs. Ces météores, depuis le commencement du siècle, sont devenus un sujet de recherches très-intéressantes ; aussi les opinions touchant leur origine et leur composition ont-elles souvent variées. Les Astronomes y ont vu d'abord des productions lunaires, puis ensuite de la matière cométaire. Les physiciens, les chimistes et les naturalistes, ont déduit de leur aspect, nne nature essentiellement chimique, résultant de la combinaison et de l'inflammation des gaz nombreux et divers, contenus dans notre enveloppe atmosphérique. Partisans plutôt de cette dernière hypothèse, nous n'avons cependant pas voulu nous prononcer, pensant qu'il était encore trop tôt ; quoique, dès 1811, M. Coulvier-Gravier, dont je suis le collaborateur depuis plus de 12 ans, observe ces météores, non pas seulement aux époques des grands maximum, mais chaque nuit toutes les fois que l'état du ciel le permet. Possédant ainsi une masse très-imposante de documents sérieux, consciencieusement acquis, dont la science proprement dite a su profiter, mais dont jusqu'à présent, nous n'avons tiré que des résultats entièrement pratiques ; peu soucieux d'être forcés peut-être de nier demain ce que nous affirmerions aujourd'hui ; nous n'avons pas voulu marcher sur les traces de ces observateurs imprudents, qui, pour asseoir et publier des idées suivant eux, irréfutables, se sont contentés d'observations détachées. Que l'on se reporte seulement en 1860, on verra en effet, que les hypothèses émises à cette époque, sur ces corpuscules lumineux, ne ressemblent en rien à celles formulées aujourd'hui, et toujours avec cette même certitude. Nous avons donc pensé que quant à présent, pour la théorie, c'est-à-dire l'origine de ces météores, il était beaucoup plus sensé de s'abstenir ; fidèles à ce principe, qu'avant d'énoncer une hypothèse, il faut accumuler des observations.

Sans nous occuper de l'origine et de la composition de ces corps, nous nous sommes principalement attachés au rôle important, qu'ils sont à même de jouer dans notre atmosphère, puisque de toutes manières, on admet que le phénomène lorsqu'il devient visible pour nous, se passe dans l'atmosphère, où là seulement ces météores deviennent lumineux en raison de la chaleur produite par le frottement.

Ceci posé, on sait que la masse d'air qui nous environne se nomme atmosphère, et que son poids comprime la terre de tous côtés. Chacune des molécules dont elle se compose, exerce en vertu de sa pesanteur une pression sur les molécules qui sont au-dessous d'elle. Cette pression, s'ajoutant à leur propre pesanteur, contribue à les retenir autour de notre globe. Il résulte de là que dans une colonne d'air verticale, on trouve près du sol les couches les plus denses, et que cette densité doit diminuer à mesure que l'on s'élève. Or, plus la pression diminue, plus l'air tend à se dilater, l'atmosphère doit donc avoir des limites fort élevées.

A des époques différentes, des expériences, des calculs ont été faits pour déterminer la véritable hauteur de cette atmosphère. Lahire renouvelant et perfectionnant une méthode indiquée par Kepler, trouva par l'observation de la lumière crépusculaire, une limite maximum de 15 lieues. Laplace et Biot calculèrent qu'à 12 lieues seulement, l'air devait être aussi rare que sous le récipient d'une machine pneumatique, où l'on a fait le vide. Plus récemment, M. Pouillet donnait à l'atmosphère une hauteur de 25 lieues. Enfin, M. Liais, par des méthodes qui lui sont particulières, fixa cette limite à 85 lieues.

On sait également que l'air qui nous environne, n'est jamais en repos, lors même que son mouvement est tout-à-fait insensible pour nous. On connaît aussi la différence de température au sommet ou à la base des montagnes ; d'où on a conclu cette loi toute théorique, que plus on s'élève dans l'atmosphère, plus le degré de température doit s'abaisser. Mais, si on se reporte aux résultats fournis par les ascensions de ballons, les choses ne se passent plus tout-à-fait de la même manière, et cette loi, qui à priori, semblait reposer sur des bases solides, subit alors de graves modifications. Presque tous les aéronautes ont noté à des hauteurs différentes, des degrés de température variables, tantôt plus élevés, tantôt plus bas que celui qui avait été constaté au point de départ, et non une décroissance régulière comme l'indique la loi que j'ai citée plus haut. Preuves évidentes de l'existence de courants superposés et de directions diverses rencontrés par eux, durant leur voyage aérien.

Il existe donc dans les différentes couches atmosphériques qui nous sont abordables, si je puis m'exprimer ainsi, une infinité de courants superposés plus ou moins forts, plus ou moins horizontaux ou obliques qui tous, chacun pour leur part, contribuent aux modifications de l'atmosphère, et qui tous aussi, jusqu'à une hauteur de 10,000 mètres, limite moyenne de la région des nuages les plus élevés ou cirrus, nous sont indiqués d'une manière très-sensible par les girouettes, la direction des nuages de la basse et de la moyenne région, soit enfin par la direction des ballons et celle des cirrus.

Or, si nous considérons la zône très-profonde qui s'étend depuis les cirrus, jusqu'aux limites présumées de notre atmosphère; là où n'apparaissent ni nuages ni vapeurs, et que nous raisonnions alors par analogie, il devient évident, que dans cette région ignorée, il doit exister aussi une infinité de courants, apportant également leur influence dans les transformations atmosphériques.

Un illustre savant, M. Pouillet, dans son remarquable traité de physique, au chapitre de la pesanteur, s'exprime ainsi à ce sujet :

« Concevons la colonne d'air qui s'élève du sol
» de Paris, jusqu'aux limites de l'atmosphère;
» chacune des couches de niveau qui composent
» cette immense colonne, concourt pour sa part à

» la pression qui s'exerce sur le sol et par consé-
» quent sur le mercure du baromètre, à peu près,
» comme dans un vase plein d'eau, chacune des
» couches de niveau concourt à la pression qui
» s'exerce sur le fond. Agitez l'eau du vase, faites-y
» naître des courants rapides, ascendants, descen-
» dants, horizontaux, le fond s'en ressent, même
» quand l'eau qui le touche reste immobile. L'en-
» semble des pressions verticales est altérée, elles
» augmentent ou diminuent suivant la direction,
» l'étendue et la vitesse des mouvements; à plus
» forte raison, il doit en être de même dans notre
» colonne atmosphérique, qui éprouve dans les
» divers kilomètres de sa hauteur, des agitations
» incessantes. Les nuages qui passent sur nos têtes,
» nous montrent que dans ces hautes régions,
« l'agitation n'est pas moindre qu'à la surface. Plus
» haut que les nuages, là où l'air est libre, où il ne
» rencontre plus les cimes des montagnes comme
» des écueils qui le brisent, il est certain que s'il
» a plus de sérénité, il n'en a pas plus de repos,
» car il participe à l'ébranlement général qui le
» gagne et l'emporte à son tour pour le mêler à la
» masse et le ramener vers le sol. »

Le météorologiste Kaëmtz, dans un chapitre consacré à l'atmosphère, parle également de ces

courants. « Tous les instruments météorologiques,
» dit-il, savoir la girouette, le thermomètre, l'hygromètre... etc., indiquent uniquement ce qui se passe au point où ils se trouvent. Ainsi quoique l'ascension du thermomètre prouve souvent que l'air s'est réchauffé, le sol peut quelquefois produire un effet semblable sur l'instrument. Tous les autres instruments présentent de semblables indications, qui souvent ne seraient plus les mêmes, à 50 mètres de hauteur. Le baromètre nous indique la pression moyenne de l'atmosphère, jusqu'à sa limite, et signale la rupture d'équilibre dans la température. Or, ces changements de température sont produits par le changement de direction des courants atmosphériques; par conséquent, si nous avions un instrument qui nous indique le changement de température des régions supérieures de l'air, une foule d'anomalies se trouveraient expliquées. »

Admettons maintenant, pour un instant, une hauteur d'atmosphère de 25 lieues, ainsi que l'a fixée M. Pouillet, qu'arrive-t-il alors? C'est que jusqu'ici pour se renseigner sur les différents phénomènes météorologiques, et sur les phénomènes barométriques en particulier, on n'a eu égard, simplement qu'aux seuls courants que l'on pouvait constater, c'est-à-dire à ceux qui nous sont indiqués par la girouette, les nuages et les cirrus. Mais, comme je l'ai dit plus haut, la hauteur moyenne des nuages les plus élevés ne dépasse pas 10,000 mètres; on ne tenait donc compte jusqu'ici, que de ce qui se passait dans une zone d'atmosphère de deux lieues et demie de profondeur, négligeant entièrement les courants et les différentes transformations qui peuvent se produire au-dessus de la couche des cirrus, c'est-à-dire dans une deuxième zone de vingt-deux lieues et demie de profondeur. Que serait-ce alors, si au lieu de 25 lieues, on adoptait les 85 lieues calculées par M. Liais. — Dans cette deuxième zone, se trouvent donc évidemment des éléments importants pour l'interprétation des phénomènes météorologiques; éléments qu'aucun instrument, aucune observation ordinaire ne peuvent nous donner.

Peu de temps, après la découverte du baromètre, on ne tarda pas à reconnaître l'influence marquée de certains vents sur la hauteur de la colonne de mercure. Les observations de Messier, de 1773 à 1801, fournirent à Burckart le moyen de calculer la valeur numérique des changements que, la direction de chaque vent imprime au baromètre.

Plus tard, Bouvard se servant de la série d'observations faites à Paris de 1816 à 1831, renouvela les mêmes recherches. Les résultats furent peu différents des premiers qui avaient été obtenus, donnant cette loi, que, sous la latitude de Paris du moins, le baromètre atteint son maximum de hausse par les vents N., N.-N.-E., N.-E, et sa plus grande baisse par ceux de S., S.-S.-O., S.-O., pour remonter ensuite d'une manière assez régulière par les vents intermédiaires.

Ces études, faites d'ailleurs avec beaucoup de soin, ne nous donnèrent cependant pas l'explication des anomalies que l'on constate souvent. Ainsi, par exemple, il n'est pas rare de voir la hauteur barométrique varier pour une même direction de vent; en d'autres termes, pour un vent du sud, on constatera quelquefois, soit un minimum, soit un maximum; de même que pour un vent du Nord, on constatera soit un maximum soit un minimum.

Or, je dis : que pour interprêter convenablement les différents phénomènes météorologiques, et pour se rendre un compte exact des mouvements du baromètre, il faut avant tout connaître la nature, la direction des courants supérieurs; en d'autres termes, la direction des courants qui agissent dans les hautes régions de l'atmosphère.

Pour fixer les idées, supposons en effet une colonne d'air, observée à deux époques différentes, et s'élevant du sol jusqu'aux limites extrêmes de l'atmosphère ; supposons-la également divisée en deux zônes. La première comprise entre le sol et les cirrus ; la deuxième, entre les cirrus et la couche limite de l'atmosphère. Représentons par (P) (P') les pressions fournies par l'ensemble des différents courants agissant dans la zône inférieure ; et par (P'') (P'''), les pressions fournies par l'ensemble des courants agissant dans la zône supérieure. Appelous enfin P, P' les pressions totales constatées à la surface du sol. Nous aurons alors trois cas principaux à examiner.

Limites de l'atmosphère.

P'' P'''

cirrus

P P

P P'

1° On a les égalités suivantes : P = P'' ; P' = P''', ce qui donne évidemment P = P'. Nous avons ainsi le cas de deux courants semblables agissant dans la zône inférieure, la seule accessible aux observations ordinaires, et correspondant à deux pressions barométriques égales ; puisqu'on sait que la plus ou moins grande pression de l'air dépend essentiellement du degré de température auquel il est soumis, température qui résulte de la direction des différents courants qui règnent dans les couches d'air que l'on considère.

2° Faisons maintenant $P = P'$, $P'' > P'''$, on aura alors $P > P'$; nous tombons alors dans le cas de deux courants semblables agissant dans la zone inférieure, et donnant cependant des pressions barométriques différentes, résultat qui peut paraître singulier à priori, et faire accuser l'instrument d'inexactitude ; mais qui se trouve immédiatement expliqué par la nature des courants supérieurs.

3° Faisons $P = P'$ $P'' = P'''$, seulement dans l'une des colonnes, intervertissons l'ordre des pressions et mettons par exemple P'' à la place de P et réciproquement. Nous aurons encore $P = P'$; ce qui nous fournira enfin le cas de courants dissemblables agissant dans la zone inférieure et donnant cependant des pressions barométriques égales. Il faut donc évidemment admettre, avec M. Pouillet et nous, l'existence et l'influence des courants supérieurs superposés ; et on connaît ainsi le principe fondamental de notre système météorologique ; car c'est spécialement sur l'étude de ces courants supérieurs, négligés dans le cadre des observations ordinaires, que portent toutes nos recherches, pensant comme feu Biot, que là seul, se trouve la clef de toutes les transformations atmosphériques.

L'Académie des Sciences, connaît depuis longtemps les intéressants travaux de M. Coulvier-Gravier. Elle sait aujourd'hui que, ne nous préoccupant aucunement de l'origine ou de la composition des météores filants, nous nous sommes plutôt attachés à rechercher les relations qui pouvaient exister entre les diverses directions qu'ils affectent dans le ciel et les phénomènes météorologiques qui suivent ces apparitions. Pour nous, quant à présent, que l'étoile filante s'engendre dans l'atmosphère, ou qu'elle vienne du dehors, elle n'obéit pas, dans cette atmosphère du moins, à un mouvement propre, mais à l'impulsion qui lui est donnée par le courant, plus ou moins rapide qu'elle rencontre. Partant de cette hypothèse, ces météores nous indiquent donc la direction et l'intensité des différents courants qui les transportent, et qui, par conséquent, règnent alors dans les hautes régions de l'atmosphère. Les étoiles filantes peuvent donc ainsi, être comparées à de véritables girouettes et anémomètres, qui nous montrent la direction et la force des courants des hautes régions, comme la simple girouette, les nuages et les cirrus nous signalent la direction et la force des courants de la zône inférieure.

Les étoiles filantes, dans leurs parcours, présentent en outre des particularités fort remarquables; particularités que nous désignons sous le nom de perturbations. Une étoile filante transportée d'abord par un courant du nord, rencontre-t-elle après un certain nombre de degrés de trajectoire, un courant de S.-O. par exemple, plus rapide, qui le dévie de sa direction primitive et le renvoie suivant sa propre direction; en d'autres termes, un météore commence-t-il comme s'il venait du Nord, et finit-il comme s'il venait du S.-O; on dit dans ce cas, que l'étoile filante a été perturbée par un courant S.-O. Ce dernier courant que nous appelons la perturbation, joue un très-grand rôle, dans les prévisions météorologiques, comme on le verra plus loin. D'autres météores éprouvent des stations, c'est-à-dire semblent s'arrêter subitement; nous disons encore dans ce cas qu'il y a perturbation, produite par l'effet d'un courant agissant d'une direction diamètralement opposée. Ces perturbations, il est utile de le faire remarquer, se produisent quelle que soit la direction et l'inclinaison du courant initial.

Ces particularités ont été constatées par presque

tous les observateurs ; dans les rapports de l'association britannique pour l'avancement des sciences, nous en trouvons de fréquentes citations. Seulement pour certains astronomes, qui ne considèrent le phénomène des étoiles filantes qu'au point de vue d'une production extra-atmosphérique, et cela parcequ'ils se sont contentés d'observer ces apparitions au moment des retours périodiques d'août et de novembre, et par cela même, n'ont cherché qu'à constater ces retours ; ces changements de direction seraient dûs à des effets d'optiques ou de perspective, résultant de la position de l'observateur par rapport au météore observé. Ceci je ne crains pas de le dire, est une grave erreur, qu'une observation sérieuse, et faite surtout en dehors de toute idée préconçue, détruit immédiatement.

Les courants atmosphériques indiqués par la direction des étoiles filantes ainsi que par celle des perturbations, se comportent identiquement comme ceux de la région inférieure. Or, on sait que ces derniers procèdent par abaissement, c'est-à-dire par exemple, qu'un courant indiqué par la marche des cirrus, lorsqu'il a une intensité convenable, descend à la surface du sol, après un certain nombre d'heures, et vient ainsi remplacer le vent régnant. (Ceci est un fait d'observations).

Si nous considérons alors le cas des courants supérieurs, on comprend facilement comment par l'inspection et la discussion des diverses directions affectées par les météores filants, on se trouve immédiatement renseigné sur la nature des transformations atmosphériques à venir.

L'action de ces courants supérieurs sur la colonne barométrique, ne commence à se faire sentir, qu'environ trente-six ou quarante heures après l'apparition des signes précurseurs. On connaît donc aussi par ces observations, trente-six ou quarante heures à l'avance, les premiers mouvements de la colonne de mercure. Ces courants marqués par la direction des étoiles filantes, agissant dans des couches extrêmement raréfiées ne produisent pas tout d'abord dans la colonne d'air, un ébranlement sensible; par suite la pression totale, c'est-à-dire la colonne barométrique, ne subit aucun changement appréciable. Mais, ces courants en s'abaissant, arrivent peu à peu dans des couches assez denses, pour que le mouvement qu'ils leur impriment, se fasse bientôt sentir à la surface du sol; alors seulement, la colonne de mercure se trouve influencée en plus ou en moins selon la nature des courants indiqués par la direction des météores filants.

A la suite d'un mémoire que j'ai eu l'honneur de lire à l'Académie des Sciences, dans la séance du

23 novembre 1863, j'ai mis sous les yeux de la savante assemblée, une courbe extrêmement curieuse, représentant la parfaite coïncidence qui existait entre la courbe barométrique relevée à l'instrument, et la courbe barométrique construite à l'aide des observations d'étoiles filantes recueillies 36 ou 40 heures avant l'oscillation du mercure, aux mêmes époques. Cette dernière courbe obtenue par des formules trigonométriques fort simples, est venue ainsi confirmer les résultats constatés et prévus par M. Coulvier-Gravier; et répondre aux vœux émis par sir W. Herschell, dont j'ai parlé au commencement de ce travail.

Certainement, cette science toute météorique, n'a pas dit son dernier mot; il est encore une foule de questions qui devraient être résolues, pour assurer d'une manière complète et définitive, tous les bénéfices que l'on pourrait en tirer.

La hauteur de ces météores calculée avec soin, viendrait résoudre enfin, cette question si longtemps controversée de la hauteur de l'atmosphère; mais ces recherches, pour être satisfaisantes, doivent être faites par des observateurs agissant suivant les mêmes principes, le même mode d'observation; malheureusement, nos moyens d'exécution ne nous ont pas permis, jusqu'à présent, de nous occuper sérieusement de cet intéressant problème. En France, comme à l'étranger, diverses tentatives ont été faites dans ce but; mais la diversité des opinions, le peu d'expérience des observateurs en pareille matière, l'idée préconçue principalement; ont fait que ces études, qui devaient pour l'avenir, ouvrir des horizons nouveaux, sont demeurées sans résultats.

Il serait trop long d'énumérer ici tout ce qui reste à faire dans cette grande question des étoiles filantes; avant d'inventer, d'imaginer des hypothèses, des théories, il faut observer; et c'est ce que ne font pas et n'ont pas fait les personnes qui viennent encore aujourd'hui, à tort ou à raison, jeter à la face du public, avide de solutions, les déductions les plus insensées.

Connaissant les principes fondamentaux sur lesquels repose notre système météorique, je ferai connaître maintenant, en peu de mots, les nombreux et divers résultats que nous avons obtenus par une observation continue du phénomène si mystérieux encore, des étoiles filantes.

1° Mettant de côté les bolides ou globes filants, nous divisons les étoiles filantes proprement dites, en six grandeurs principales; classification facile à établir par la comparaison du diamètre de ces météores, avec celui des étoiles fixes. Il est bien entendu que nous ne parlons ici que des météores perceptibles à l'œil nu; car si nous voulions considérer les étoiles filantes dites télescopiques, observées jadis par l'astronome Mason, on pourrait facilement arriver à 15, 20, ou même 30 grandeurs différentes.

On s'est souvent demandé si la taille de ces météores ne dépendait pas de la quantité de matière accumulée, plutôt que de leur éloignement. Pour nous, l'observation seule a résolu ce premier problème. En effet, en considérant les coïncidences fort curieuses qui existaient entre la direction des étoiles filantes, et les différents phénomènes météorologiques, nous avons remarqué et noté ce fait très-important dans la discussion des observations; que les transformations atmosphériques indiquées par les premières tailles de météores, se produisaient avant celles indiquées par les deuxièmes, et que tout se passait identiquement de la même manière pour les autres météores, suivant leur ordre de grandeur. Enfin, de l'observation, nous avons encore pu déduire cette loi que le nombre des étoiles filantes croît en raison inverse de leur taille.

2° Parmi les étoiles filantes, les unes ont des traînées, les autres n'en ont jamais. Il n'y a en effet que les trois premières grandeurs de ces météores qui jouissent généralement de cet appendice. Ces traînées plus ou moins compactes, persistent quelquefois plusieurs secondes et même une ou deux minutes, après la disparition de l'étoile, en conservant toujours la direction du météore. Elles ont un aspect phosphorescent, et offrent souvent des nuances fort variées. On s'est quelquefois demandé à quoi l'on pouvait attribuer ces traînées, et pourquoi, à partir de la quatrième grandeur des étoiles filantes, on n'en observait généralement pas, ou du moins très peu. La composition réelle des étoiles filantes, ne nous étant pas connue, malgré le grand nombre d'hypothèses faites sur ce sujet, il serait peut-être bien audacieux de chercher une cause à la présence de ces traînées. Qu'il me soit cependant permis d'avancer ici une simple idée : Les météores des premières, deuxièmes et troisièmes grandeurs, apparaissant, relativement aux autres tailles, dans des couches atmosphériques plus inférieures et par cela plus denses ; l'obstacle qu'ils rencontrent dans leur course, est donc d'autant plus grand, plus résistant, que la région qu'ils sillonnent est moins élevée. Qu'arrive-t-il alors? La matière qui forme le météore, s'épanche et forme derrière lui une espèce de sillage qui constitue la traînée, et perd par cela même, que cette portion de matière devient plus transparente, l'aspect du corps qui lui donne naissance. On remarque aussi, que les trainées qui accompagnent les étoiles filantes de première grandeur, sont généralement beaucoup plus compactes que les autres. Il ne peut en être autrement, car la résistance étant plus grande, l'effusion de matière doit être plus considérable.

Les météores des quatrièmes, cinquièmes et sixièmes grandeurs apparaissant au contraire dans des milieux infiniment moins denses, cette résistance devient nulle, et l'étoile filante parcourt alors sa trajectoire sans déverser derrière elle aucune parcelle de matière.

La question des trainées a souvent été contestée par des astronomes; d'après eux, en effet, cette particularité ne serait qu'une illusion d'optique dûe à la rapidité avec laquelle se meuvent ces corpuscules lumineux; particularité semblable à ce trait de feu produit par un charbon ardent agité vivement. Erreur profonde pour quiconque a observé le phénomène.

3° Les étoiles filantes apparaissent dans toutes les directions du ciel, cependant elles affectent plus spécialement certaines directions suivant les époques de l'année, et les années elles-mêmes. Avant d'examiner ce quatrième point qui est le plus curieux, par cette raison qu'il fait voir immédiatement l'utilité, en même temps que la simplicité de

graphiquement, ou bien leurs composantes réelles, si cette résultante est exprimée en intensité. Alors, si on se reporte aux deux divisions principales du cercle azimutal des vents, dont j'ai parlé ci-dessus, et en se rappelant, les relations que j'ai signalées entre la direction des étoiles filantes et celle des divers courants atmosphériques ; on voit facilement les coïncidences curieuses qui existent entre la position de ces trois résultantes, et les époques de sécheresse ou d'humidité des différentes années que l'on considère. Ces résultats fort intéressants ont été confirmés par près de trente années d'expérience.

Si l'on établit ensuite, soit pour une année seule, soit pour une série d'années, la courbe des jours de pluie, ainsi que celle du niveau moyen des eaux de la Seine; on voit immédiatement les relations qui se présentent clairement entre les oscillations de ces courbes, et la position de ces trois résultantes. En effet, le niveau moyen des eaux beaucoup plus élevé pendant les quatre premiers mois de l'année, comme pendant les quatre derniers, et le nombre des jours de pluie, également plus considérable à ces époques, correspondent aux deux résultantes avoisinant le Sud ; tandis qu'au contraire, le niveau le plus bas, comme le moindre nombre de jours de pluie, se rapportent très-bien à la résultante qui se rapproche de l'E ou du N.-E.

Actuellement, si d'une part, considérant toujours ces mêmes périodes de quatre mois, on fait attention que, ces trois résultantes générales, occupent, relativement les unes aux autres, la même position azimutale, plus ou moins rapprochée du Sud ou du Nord, suivant la composition météorologique de l'année que l'on étudie. Si d'autre part, on remarque, que par suite du grand nombre d'observations que nous possédons, nous sommes à même de connaître la plus grande distance angulaire qui peut séparer ces résultantes ; on comprendra facilement comment dès le premier avril, il est possible de prévoir avec une certaine exactitude, si l'année qui commence sera sèche ou humide, chaude ou froide. Il est bien entendu qu'au premier avril, la résultante des diverses perturbations observées pendant ces quatre premiers mois, doit entrer en ligne de compte dans la discussion des résultats à prévoir.

Ce mode d'opération bien compris, on saisit alors aisément la manière de l'appliquer à chaque jour de l'année. En effet, la discussion des diverses directions affectées par les étoiles filantes de chaque nuit, en tenant compte des grandeurs ; la direction des perturbations observées, fournit immédiatement par l'inspection de la position des deux résultantes, l'indication précise des produits météoriques à venir; puisque d'une part, on connaît par ces observations, le mouvement qui, trente-six ou quarante heures après, doit se produire sur le baromètre, et le vent qui du troisième au quatrième jour doit régner à la surface du sol, ainsi que l'indique une série de courbes que nous avons construites à l'aide d'observations recueillies pendant une série de vingt années, et qui montrent parfaitement les coïncidences qui existent entre les directions affectées par les étoiles filantes et les vents de la région inférieure.

Il est encore un fait d'observations extrêmement curieux, portant sur un point généralement trop négligé par les observateurs et qui, montre encore d'une manière frappante la véracité des coïncidences que nous venons de constater. Je veux ici parler de la marche générale et particulière de la résultante des diverses directions affectées par les étoiles filantes, non pas prises en masse, mais considérées par ordre de grandeur.

Pour arriver à un résultat exact et précis, nous avons opéré, M. Coulvier-Gravier et moi, sur cette même série de vingt années qui a déjà fourni à la science, tant de données précieuses, et nous avons encore déduit ces principes solides :

1° Quelle que soit la grandeur des météores, c'est-à-dire qu'ils soient de première, deuxième, troisième..... ou sixième grandeur, la résultante de toutes les directions qu'ils affectent, et cela à n'importe quelle époque de l'année, marche du soir au matin, de l'Est vers l'Ouest en passant par le Sud; mais ce déplacement est d'autant plus sensible, que cette résultante porte sur les météores des premières tailles. En effet, il est de 104 degrés pour les globes filants, de 135° pour les étoiles filantes de première grandeur, de 95° pour celles de deuxième grandeur, de 69° pour celles de troisième grandeur..... et enfin de 18° pour celles de sixième taille.

2° Voulant juger de la différence qui pouvait exister dans ce déplacement de la résultante aux différentes époques de l'année; nous avons divisé l'année en trois périodes bien distinctes, ce qui nous a donné les résultats suivants :

De Janvier au 1er Mai, le déplacement de la résultante est, pour les étoiles filantes de première grandeur, d'environ 178° ; pour celles de deuxième, de 130°, pour celles de troisième, de 59°...... et enfin, pour celles de sixième, il n'est seulement que de 8°.

Du 1er Mai au 1er Septembre, nous trouvons une petite anomalie assez curieuse, en ce sens, que le déplacement de la résultante portant sur les troisièmes et quatrièmes grandeurs, est plus considérable que pour les premières et deuxièmes tailles ; en effet, pour les unes il est de 89° et 60°, tandis que pour les autres, il n'est que de 33° et 31°.

Enfin du 1er Septembre au 31 Décembre, cette résultante marche de 97° pour les étoiles filantes de première grandeur ; de 77° pour celles de deuxième..... et de 19° pour les sixièmes tailles.

Donc, en résumé, les directions sont plus variables, pour les météores des premières, deuxièmes et troisièmes grandeurs, que pour ceux des autres tailles d'étoiles filantes.

Si l'on réfléchit un moment aux résultats que je viens d'énoncer, on voit facilement, que le simple raisonnement devait nous y conduire. En effet, que nous indiquent les différentes grandeurs d'étoiles filantes? si ce n'est leur plus ou moins grande hauteur dans l'atmosphère, ainsi qu'on l'a vu précédemment. Or, puisque les étoiles filantes ne sont lumineuses, c'est-à-dire visibles pour nous, que lorsqu'elles ont pénétré dans notre atmosphère, il devient évident que, plus elles circulent et s'enflamment dans des couches relativement inférieures, là où les courants atmosphériques sont plus forts et plus nombreux ; plus elles doivent subir leur influence, plus aussi, par conséquent, leurs directions doivent être variables, et l'amplitude de l'arc décrit par la résultante de ces diverses directions, considérable. Ce qui nous est directement indiqué par les résultats que nous venons d'examiner. Au contraire, plus elles sont élevées c'est-à-dire rapprochées des limites de l'atmosphère terrestre, là où les courants sont beaucoup plus directs et moins nombreux; moins on doit trouver de variabilité dans leurs directions. Ce que nous indique encore fort bien les résultats ci-dessus, puisque nous savons que pour les cinquièmes et sixièmes grandeurs des météores filants, le déplacement de la résultante de leurs diverses directions devient pour ainsi dire nul.

Ces principes bien établis, puisqu'ils se vérifient chaque jour par l'observation, ne sont-ils pas encore une preuve évidente de l'influence des courants atmosphériques sur la direction des étoiles filantes ?

Le mécanisme de notre système météorique bien compris et admis, je parlerai maintenant d'une manière toute spéciale du phénomène des orages, c'est-à-dire du phénomène atmosphérique le plus terrible, en même temps que le plus intéressant à étudier; afin de faire bien comprendre l'inutilité de tous les postes météorologiques que l'on désire établir aujourd'hui.

La hauteur moyenne des nuages orageux est, comme on sait, de 4,000 à 4,500 mètres, ce qui nous fournit un horizon visible de 70 lieues environ pour l'étude de ce phénomène. Partant de là, une tête d'orage, dépassant de quelques degrés seulement notre horizon, nous indique la présence de ce météore, soit sur Douvres, Bruxelles, Dijon, Saumur, etc., suivant la position azimutale de cet indice orageux, Que deviennent alors tous les observatoires cantonnaux, situés entre Paris et Bruxelles par exemple ? Ils sont évidemment inutiles, comme tous ceux situés sur cette vaste surface de soixante-dix lieues de rayon. Dans ces conditions, ne sommes-nous pas en mesure de fournir à la science les renseignements les plus exacts sur la véritable directions des orages, les péripéties qu'ils éprouvent dans la traversée de cet horizon, puisque nous assistons, pour ainsi dire, au commencement et à la fin du phénomène ? Nous ne sommes pas exposés, comme cela arrive trop souvent, à confondre plusieurs orages en action, en un seul et même groupe orageux, ou réciproquement à considérer comme plusieurs orages, un seul et même centre orageux qui se ramifie par l'effet des courants atmosphériques.

Donc en établissant sur le territoire français, quatre autres stations de même rayon, et placées par exemple à Brest, Strasbourg, Grenoble et Agen, s'enchevrêtant toutes les unes dans les autres et reliées à celle que nous possédons à Paris, par un réseau électrique, on comprend facilement que sans le secours des observations étrangères, on tient toute la France dans la main, y compris une partie de l'Allemagne, de l'Italie, de l'Espagne et une portion de l'Océan. Par conséquent de quelque côté que vienne le terrible météore, on sera toujours à même de le signaler et de le suivre depuis son apparition jusqu'à sa disparition complète, traverserait-il le territoire depuis Bayonne jusqu'à Francfort, sans avoir besoin de s'adresser à des centaines d'observateurs.

Pour appuyer la création et faire voir l'utilité de cette multitude d'observatoires cantonnaux ; on ajoute qu'ils sont nécessaires, parceque si un orage passe entre deux départements, il peut échapper aux investigations de la science. Erreur profonde ! qui ne prouve que, l'inexpérience des observateurs. Est-ce que par exemple, si un orage passe entre Paris et Versailles, nous sommes obligés de demander des indications à un observateur placé à Sceaux? Assurément non ; pas plus que s'il passe un orage à Saint-Quentin, nous ne sommes obligés de demanler des renseignements à Soissons, Compiègne ou Noyon.

Par ce qui précède, on voit de suite l'économie réelle, et l'utilité évidente qu'offre au gouvernement l'application de notre système météorique aussi simple à concevoir, qu'à mettre à exécution. Il est évident en outre, que moins la superficie d'un pays est grande, moins aussi, il faut de stations, et par suite de frais d'installation, qui, dans tous les cas, seraient extrêmement peu coûteux.

Si nous demandons avec tant d'insistance et cela depuis longtemps, la création de ces quatre postes auxiliaires de celui de Paris, ce n'est donc pas sans raison; car en plus de la facilité qu'ils nous donneraient pour l'observatien des orages, il y a encore ceci à remarquer, c'est que si le ciel n'est pas clair à Paris, ce qui arrive malheureusement trop souvent, on aurait au moins l'espérance de pouvoir observer dans l'une ou l'autre de ces stations, de manière à ne pas avoir d'interruption dans les observations des météores filants; ce qui permettrait de fournir chaque jour un bulletin météorologique, annonçant, non des phénomènes en cours d'exécution, mais les mouvements atmosphériques à venir; ce que nous n'avons pu faire jusqu'à présent, faute de ces moyens indispensables.

Enfin, à l'aide de ces quatre observatoires opérant d'après une même méthode d'observations, on pourrait alors résoudre ces questions importantes que j'ai signalées plus haut, telles que la hauteur de l'atmosphère terrestre, la hauteur des météores filants......, etc., problèmes dont la solution ne peut s'obtenir que par des observations simultanées bien conduites et intelligemment discutées, en dehors de toute idée préconçue.

Je laisse donc maintenant à la sagacité des gouvernements et des hommes compétents, le soin d'apprécier ces résultats si importants au point de vue de l'humanité et de la richesse du pays.

En résumé, les idées émises et développées dans ce travail, ne sont qu'une réponse aux vœux exprimés par la science. La météorologie telle qu'on la comprenait jusqu'ici, n'ayant rien produit au point de vue pratique, nous avons étendu le champ des observations, en explorant des régions atmosphériques inconnues jusqu'à nous. Aussi, confiants dans l'avenir de cette science nouvelle, dans les marques de haute sollicitude dont déjà elle a été l'objet, nous sommes persuadés, d'être ainsi arrivés à la solution d'un des problèmes les plus intéressants de la météorologie, — la prévision du temps.

FIN

www.ingramcontent.com/pod-product-compliance
Ingram Content Group UK Ltd.
Pitfield, Milton Keynes, MK11 3LW, UK
UKHW020954220726
13924UKWH00002B/689